影楼

经典发型设计

设计教程

北京名人摄影化妆艺术学校 编著

人民邮电出版社

北京

图书在版编目（ＣＩＰ）数据

影楼经典发型设计教程 / 北京名人摄影化妆艺术学
校编著. -- 北京 : 人民邮电出版社，2014.1
ISBN 978-7-115-33578-4

Ⅰ．①影… Ⅱ．①北… Ⅲ．①发型－设计－教材
Ⅳ．①TS974.21

中国版本图书馆CIP数据核字(2013)第259693号

内 容 提 要

本书是一本影楼发型设计的实用教程。全书将案例分为白纱发型设计、晚装发型设计和特色服装发型设计 3 个部分，每部分都包括大量的详细教程和精美图片赏析，向读者展示了发型打造的方法和技巧。书中作品造型时尚，运用手法全面，讲解细致，既能使读者掌握造型技法，又能给他们提供创作的灵感。

本书适合在影楼工作的化妆造型师阅读，同时也可供相关培训机构的学员使用。

◆ 编　著　北京名人摄影化妆艺术学校
责任编辑　赵　迟
责任印制　方　航

◆ 人民邮电出版社出版发行　北京市丰台区成寿寺路 11 号
邮编　100164　电子邮件　315@ptpress.com.cn
网址　http://www.ptpress.com.cn
北京画中画印刷有限公司印刷

◆ 开本：889×1194　1/16
印张：15
字数：471 千字　　　　　　　2014 年 1 月第 1 版
印数：1 – 3 000 册　　　　　2014 年 1 月北京第 1 次印刷

定价：98.00 元
读者服务热线：**(010)81055410** 印装质量热线：**(010)81055316**
反盗版热线：**(010)81055315**
广告经营许可证：京崇工商广字第 **0021** 号

刘桂桂

Liu Guigui

　　著名化妆造型、美姿造型教育专家，国家级化妆评委，全国首届影楼化妆大赛评委，全国十佳化妆大赛评委，《人像摄影》杂志化妆造型栏目特约点评人，1997 年参与创办北京名人摄影化妆艺术学校并担任校长，作品常见于《人像摄影》、《时尚》、《化妆造型师》等专业刊物。主要著作有《影楼美姿造型》、《人像摄影化妆造型教程》。

付 京

Fu Jing

　　国家级化妆大赛评委，全国"影楼十大化妆名师"，2004 年被评为"北京市化妆名师"，2005 年被授予"全国化妆名师"称号。作品长期连载于《人像摄影》、《今日人像》、《美容美发化妆师》等国内专业刊物，并有部分作品在国际化妆大赛中获奖。个人专著有《人像摄影化妆造型教程》、《影楼时尚化妆》。长期从事化妆造型教育工作，是国内影楼化妆造型教育的开创者之一。

［作者简介］

刘 芬

中国著名时尚化妆造型师。曾获国际化妆大赛白纱组金奖。曾担任多家台资影楼化妆造型总监。参与拍摄多部影视作品，在国内外享有盛誉。作品多次发表于国内外最具影响力的杂志，如《VOGUE》、《昕薇》、《瑞丽》、《人像摄影》、《美容美发师》等。

Liu Fen

黄 慧

毕业于师范学院美术系，并进修于服装设计学院，曾担任巴黎春天、梦巴黎首席化妆师。对时装、广告、艺人包装、杂志、舞台设计有较深入的研究，并长期从事化妆教学工作，作品发表于《人像摄影》、《优雅》等专业刊物。

Huang Hui

赵 研

毕业于服装学院，先后在上海、深圳等地的婚纱影楼工作，曾担任多家婚纱影楼化妆主管，具有丰富的影楼化妆造型工作经验，《人像摄影》杂志化妆栏目特约撰稿人，多家台资影楼彩妆造型顾问。长期从事化妆造型人才培训工作。

Zhao Yan

田德友

毕业于中国电影函授学院，2004 年被评为北京市摄影名师、高级技师、国家认证摄影师考评员，作品曾多次发表于《时尚》、《人像摄影》、《今日人像》、《美容化妆造型》等专业期刊，现担任北京名人摄影专业副校长。

Tian Deyou

孙铁军

资深人像摄影师，影楼策划经营管理专家，曾担任国内多家著名影楼 CEO，并参与《现代影楼管理》、《影楼内训》、《商业人像摄影教程》等著作的编写工作。《人像摄影》杂志、中国影楼网管理栏目特约撰稿人。

Sun Tiejun

Contents [目录]

Preface [序言]

　　随着社会的进步、人们生活品位的提升，大家越来越注重化妆造型、发型设计。现代人追求自我个性展现和形象包装时，需要得到专业化妆造型师、发型师的帮助，其中发型设计更是重要的一部分。在影楼人像摄影中，摄影师要想拍出理想的照片，需要优秀的化妆造型师在前期对被摄对象进行化妆造型、发式塑造；电影、电视剧的拍摄也离不开发型的设计。化妆造型、发式设计与人们的日常生活、艺术创作的关系越来越密切，因此在各行业服务的专业化妆造型师、发型师也应越来越专业。

　　北京名人摄影化妆艺术学校化妆造型教研室长期致力于化妆造型教学、研究、创作、教材编写与开发等工作，他们以行业的发展为己任，创作出了大批优秀的化妆造型作品，出版了多部经典的化妆造型书籍，为化妆造型师的学习提供了很多优秀的教材和参考资料，为提升化妆造型师的专业艺术素养发挥了相应的作用。

　　本书是全国"十大青年化妆名师"之一的付京女士与其他化妆造型、发型设计专家根据该行业的现状，基于十多年的积累，编纂的一本系统讲解发型造型设计的专业教程。本书选择了大量精美图片和发型实例，采用分步图解的形式，给读者讲授现代发型设计、创作的方法。每个发型都非常简洁、唯美、实用，希望让读者在欣赏作品的同时又能学到经典的技艺。

　　作为中国影楼行业一流的化妆造型创作团队，"北京名人化妆造型创作群"有着为行业发展引领时尚、夯实基础的使命感，这是难能可贵的。我希望更多的化妆造型师投身于化妆造型技艺的探究中，踏踏实实地学习，不断拓宽眼界，提高个人的艺术修养和审美能力，创造出更多有生命力、延展力且富有内涵的、实用的、受到人们喜爱的化妆造型作品。

刘桂桂

Foreword [前言]

化妆造型是一门综合的形象设计艺术，它不仅要求化妆造型师具备专业的技术实力、独到的审美眼光、丰富的艺术内涵和较高的文化修养，还要具备强烈的思维感知能力和创造性的设计表现能力，这样才能创作出有生命力、延展力且富有内涵的作品。化妆造型师犹如美的使者，通过神奇的化妆造型手法把普通人幻化成美丽的精灵，给人们带来惊喜、愉悦和自信。

我们从事化妆造型教学工作很多年了，喜欢这个职业是由于化妆造型的独特魅力，它不仅给我们想象和创意的空间，同时也表达出我们对人生的理解和对人类的爱。"一花独放不是春"，要使人们都欣赏和感受到化妆造型的魅力，则需要优秀的化妆造型师把自己丰富的技艺和经验传授给更多的人，使他们掌握这门技艺并能灵活地运用，进而充分享受到这门技艺带来的快乐。

总结多年的教学经验，我们认为要想成为一名优秀的化妆造型师，学习专业知识，掌握专业基本功非常重要。如对人物头部骨骼结构的理解，对线条准确的表现，对色彩的搭配和运用，发型的塑造，化妆品和化妆工具的使用等。只要具备了扎实的基本功，无论流行趋势如何变化，我们都能做到信手拈来、游刃有余，而且在日后的工作中逐渐形成自己独有的风格，挖掘和施展出个人内在的艺术潜质。

本书是一本极具可读性和实用性的专业发型工具书。书中内容丰富详尽，最大特点是"看图说话"，通过对近百款不同风格的发型进行步骤分解，揭开使初学者及影楼造型师感到困惑的"面纱"。通过阅读本书并加以实际操作，读者不仅可以增强动手能力，同时能够对发型设计艺术有进一步的认知。

最后，我希望读者通过对本书的学习能够在化妆造型这门艺术中更进一步，也希望我们的努力能对化妆造型行业的发展有所促进，使我们共有的事业越来越兴旺！

付京

Chapter 1

● 白纱发型设计

整体造型将华丽璀璨的皇冠点缀在顶发区与刘海区之间，瞬间演绎出"巴黎T台"般动感、时尚、奢华的前沿风潮。

STEP BY STEP

01 将头发分为三个发区。

02 刘海区、顶发区、后发区。

03 将后发区头发做单包处理，首先将后发区头发分竖片倒梳，然后将倒梳好的头发梳光表面，整体向左侧梳理， 以交叉下卡的方式加以固定。

04 将固定好的后发区头发向右上方提拉。

05 将后发区头发做拧包，将发尾藏入发包内，用卡子固定。

06 将顶发区头发烫卷后，从发根处倒梳，发梢要蓬松，注意保持原有的卷度。

07 将倒梳后的头发在头顶整理成饱满的半圆形，但要注意层次与纹理的打造。

08 将刘海区头发从根部倒梳后侧梳，整理出自然随意的S形弧度。

09 将华丽璀璨的皇冠点缀在顶发区与刘海区之间。

01

02

03

04

05

简洁、大气的发型设计加上精美缎带发卡的点缀，即打造出一款时尚、俏丽而不失端庄的新娘造型。

STEP BY STEP

01 先将头发由上至下均匀分片上电热卷，电热卷由大到小排列。

02 待电热卷的温度冷却后，将电热卷拆下。

03 前发区与顶发区的分界线在正头顶到耳中部位，顶发区发量要适中，过少易造成顶部造型弧度不够饱满。

04 将后发区以V形分为三个小发区。

05 以眉峰延长线为界分出刘海区和两侧发区。

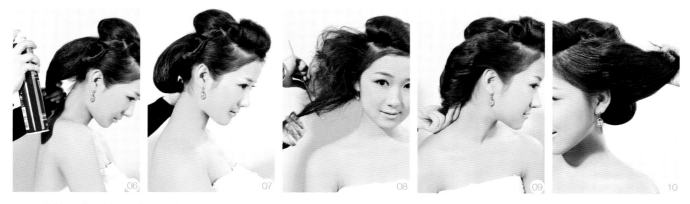

06 先将后发区的V形发区分横片，分别倒梳，使头发蓬松饱满，再将头发表面梳光，用发胶将发丝定型。

07 然后将头发向下打卷，下卡固定做成饱满的发包。

08 将后发区剩余的一侧头发倒梳，使头发蓬松。

09 将表面梳光后，将整个发区以发片状向侧后方做外翻卷，再将发尾以打卷的手法收起，与后发区头发衔接好，下卡固定。

10 同样另一侧头发也加以倒梳，将表面头发梳理光滑。

11 将头发向上翻卷，将发尾朝下打卷、收起并做好衔接。

12 将后发区的三个发区处理好后，应形成一个完整饱满的弧形发髻。

13 将顶发区头发分横片加以倒梳。

14 将发丝表面梳光后，向下做发包，与后发区相连接，要求整体弧度饱满流畅。

15 将刘海区头发在发根部稍做倒梳，以增加发型的饱满度，将表面头发梳光后向一侧斜梳，摆放出自然弧度并加以固定。

整体造型先通过上部饱满蓬松的发型弧度和自然垂下的柔美卷发修饰新娘的脸型，再搭配色彩缤纷的绢花，打造出新娘浪漫、清新、甜美的气质。

STEP BY STEP

01　将上好卷后的头发分为五个发区（刘海区、顶发区、两侧发区和后发区）。

02　将后发区头发向上提拉收拢，并将集中后的头发以三股编辫的手法编好。

03　将编好的马尾辫缠绕成发髻并加以固定。

04　将右侧发区头发以三股续发手法向后提拉，编至尾端，将其与马尾发髻固定衔接。

05　左侧发区操作方法同上。

06　将大波浪马尾假发固定在后发区的发髻上。

07　将顶发区头发根部倒梳。

08　将倒梳好的头发整理出饱满的弧度和自然的层次，喷发胶定型。

09　将刘海区头发根部倒梳，使其蓬松。

10　将表面的发丝梳光后偏向一侧梳好，整理出刘海的弧度。

整体造型采用偏侧式发型轮廓和层次动感的发丝设计，再配以精致、小巧的钻饰，在新娘娴静、内敛的气质之外增添了清纯、俏丽、青春的气息。

STEP BY STEP

01   将头发分为三个发区。以左右眉峰和正头顶为分界线留出刘海区。

02   剩余头发从两个耳尖连接线为界，分出中部发区和后发区。

03   另一侧发区示意图。

04   将中部发区的头发从一侧做三股续发编发处理。

05   三股辫要纹理清晰、干净，将发尾加以隐藏并固定。

06   将后发区头发倒梳蓬松后，从发根部做拧转，将发梢放到编发发尾同侧，用卡子固定。

07   将刘海区头发向编好的发辫同侧方向斜拉并梳理干净。

08   发型完成图侧面。

整体发型以干净、光洁的发包和烫卷的手法相结合，简约而唯美的造型衬托出新娘高贵、典雅又不失浪漫的柔美气质。

STEP BY STEP

01　将所有头发分为前发区与后发区。

02　放下前发区头发，以横向分发片的方法进行倒梳处理。

03　将前发区头发整体倒梳，使其达到蓬松饱满的效果，将前发区以四六分，自然地留出少许发丝。

04　将倒梳后的前发区头发用梳子侧面梳理平滑、干净。

05　将整个前发区头发在发尾位置收拢，用手暂时固定。

06　以打卷手法将剩余发梢绕在手指上，用内扣的手法将头发做成圆润的发包，用卡子固定。

07　将后发区头发放下，一分为二，放置在左右两侧。

08　用电卷棒将两侧头发向面部做内扣烫卷处理。

09　用少许发蜡将卷曲的发丝整理定型。

10　整理整个发型的轮廓，将碎发收干净。

新颖别致的时尚BOBO式造型，选用精致、小巧的皇冠点缀其间，衬托出新娘清新、可人的甜美气质。

● STEP BY STEP

01 先将头发分区上电热卷，注意每片头发发量的均匀度，发梢一定要同时上卷，方便后面造型时整理。

02 待电热卷冷却后，将卷拆下。

03 将上卷后的头发分为三个发区（刘海区、顶发区和后发区）。

04 将后发区的头发进行倒梳，使其蓬松饱满，梳光表层发丝，将发尾向内做扣卷，用卡子定型。

05 喷发胶定型。

06 将顶发区的头发倒梳至蓬松饱满的状态，将发梢按照烫卷后的自然走向整理出饱满的形状和层次，喷发胶定型。

07 将刘海区的头发向一侧斜拉并梳理干净，喷发胶定型。

　　整体发型以饱满光洁的发包和工整的手打卷组合而成，再配以华丽的皇冠饰品，突显出新娘高贵、典雅的完美气质。

STEP BY STEP

01　将头发分为三个发区。

02　两个对称的前侧发区和一个后发区。

03　将后发区的头发倒梳，使其蓬松饱满。

04　用皮筋将发尾扎紧。

05　将固定好的发尾向内扣卷收起。

06　用卡子将扣卷进去的发尾固定于后发际边缘，使整体后发区的发型呈包状。

07　将一侧前发区横向分区，在根部倒梳，梳光表面。

08　在侧发区中分出一缕头发。

09　做扣卷后紧挨后发区发包固定，用以遮挡前后发区之间的空隙并填充后发区发包边缘弧度的空缺。

10　将侧发区剩余头发向后做手打卷，摆出弧度，用卡子固定。

11　另一侧发区也同样分出一缕头发。

12　遮挡好前后发区的空隙并填充好发包弧度，下暗卡固定。

13　将发尾向后做手打卷，摆出弧度，用卡子固定。

偏侧的蝴蝶结发包，配以具有流线设计的放射状抓纱造型，表现出新娘的时尚、动感与俏丽。

STEP BY STEP

01 将头发以正头顶到两侧耳朵上方为分界线分成前、后两个发区。

02 先将前发区的头发梳顺，在一侧眉峰的斜上方用皮筋扎马尾。

03 将扎好的马尾分成两部分。

04 将其中一部分头发倒梳，将表面梳顺，用打卷的手法做成饱满的发包并加以固定。

05 将剩余的头发以同样的方法倒梳，梳光表面后，向相反的方向打卷，做成相同大小的发包并加以固定。

06 将后发区的头发梳顺后，提拉到前发区固定头发的位置，拧包后下卡固定。

07 从固定好的发尾中分出一束发丝，梳光后向前打卷，并将发尾收入卷内。

08 将做好发卷的发片压在前发区做好的两个发包中间，用卡子固定，使发包呈现出蝴蝶结形状。

09 将剩余头发倒梳，梳光表面的发丝并整理成发片状。

10 将发片的发尾以打卷的手法缠绕在手指上。

11 将发片做成发包，将做好的发卷藏于发包内，用卡子固定在前发区做好的蝴蝶结后方。

柔美的卷发造型在轻盈羽毛和闪亮水钻的衬托下，更加突显新娘清新、浪漫的甜美气质。

STEP BY STEP

01　短发原图。

02　将头发梳理光滑，并将发尾收干净。

03　将沙色长卷假发套于头部。

04　从耳后方假发根部提起一缕假发，向上拧转固定，使发尾自然垂下。

05　从后发区发根部取5~6个发片，分别提拉至不同高度后拧扭发根，下卡固定，打造出后发区的高低层次。

06　另一侧头发也采用同样的手法加以处理。

07　在两侧发区留出少许发丝。

08　将两侧留下的发丝随意地摆出自然弧度，营造自然、浪漫的效果。

STEP BY STEP

01　将头发分成四个发区。

02　侧发区、刘海区、顶发区、后发区。

03　将后发区的头发从正中位置纵向分成两个发区，分别用电卷棒向同一方向（刘海方向）做内扣烫卷。

04　将与发量较少的前侧发区同侧的后发区头发梳理成纵向发片，喷发胶定型。

05　将梳理干净的发片拧转固定到另一侧耳后烫好的发区位置。

06　将刘海区的头发向外侧提拉成片状，并将表层头发梳理光滑。

07　将发片向耳上提拉，做外翻卷处理，用卡子将其固定，发尾用电卷棒做内扣烫卷后自然垂下。

08　将另一侧发区发丝表面梳理光滑，向斜上方提拉，扭包固定。

09　将发尾继续拧转，将扭转后的发尾摆放在顶发区和后发区的发缝处，用卡子固定。

10　将顶发区头发表面梳理光滑。

11　将顶发区头发向耳上方做手打卷，注意先将发尾在头顶方向留出，再用卡子固定发卷。

12　将留出的发尾随着发卷的弧度做连环卷，固定时注意发卷的摆放，应填充在头顶发型轮廓空缺部位。

13　将多余发尾以手摆发卷的方法摆放在刘海区头发的侧上方，下暗卡固定。

14　调整发卷之间的位置和层次。

精致的手打卷造型与柔美的烫卷造型相结合，将发型的整体层次衔接得天衣无缝，加之精美饰品的修饰，突显了新娘的温婉与典雅。

简洁、大气的发包造型，点缀银色的围夹发饰，为新娘原本高贵、典雅的气质平添了时尚、俏丽之感。

STEP BY STEP

01　将头发分成前后两个大发区。

02　将后发区头发在头顶部位扎马尾。

03　把马尾头发分成横向发片，向前提拉并倒梳，使其蓬松饱满。

04　将头发表面梳理光滑。

05　将梳理好的头发发根推至头顶，使其呈扇形均匀打开后横向交叉，下卡固定。

06　将固定好的马尾向后梳光表面，在头顶部将整个发区整理成饱满的半圆形发包，最后采用拧绳的手法将发尾收拢。

07　将拧好的发尾盘于发包后部中心空缺部位，下卡固定。

08　放下前发区头发，分横片提拉，将其倒梳。

09　将整个前发区头发向顶部发包中心收拢，做手打卷，使其呈发包状，梳光表面发丝。

10　将整理好的前发区发包紧靠顶发区发包中心固定。

特色服饰化妆造型宝典

书号 978-7-115-33012-3
定价 98元

创意彩妆造型宝典

书号 978-7-115-32421-4
定价 128元

化妆造型技术大全

书号 978-7-115-31049-1
定价 98元

影楼化妆技巧与发型设计实战

书号 978-7-115-30938-9
定价 98元

完美新娘
新娘婚前护理与当日造型专业教程

书号 978-7-115-32528-0
定价 98元

当日新娘
化妆造型实例教程

书号 978-7-115-31481-9
定价 108元

附赠 教学光盘

百变新娘
影楼化妆造型实例教程

书号 978-7-115-30239-7
定价 98元

风尚新娘
影楼化妆造型实例教程

书号 978-7-115-29790-7
定价 98元

附赠 教学光盘

化妆造型技法揭秘

书号 978-7-115-31623-3
定价 98元

附赠 教学光盘

时尚圣经
专业化妆造型实例教程

书号 978-7-115-31661-5
定价 98元

专业化妆造型的秘密 影楼

书号 978-7-115-29817-1
定价 98元

影楼化妆造型宝典（第3卷）

书号 978-7-115-29799-0
定价 98元

新娘化妆造型宝典

书号 978-7-115-27944-6
定价 98元

影楼化妆造型宝典
——安泽的彩妆世界

书号 978-7-115-26856-3
定价 79元

附赠 教学光盘

摄影化妆造型宝典
Tony的彩妆世界

书号 978-7-115-25761-1
定价 98元

影楼化妆造型宝典（第2卷）

书号 978-7-115-23930-3
定价 98元

当日新娘发型设计实例教程

书号 978-7-115-33084-0
定价 98元

经典发型设计圣经

书号 978-7-115-31788-9
定价 128元

BRIDE新娘
发型设计实战

书号 978-7-115-31263-1
定价 75元

经典盘发设计实战

书号 978-7-115-30969-3
定价 108元

选用仿钻的皇冠饰品点缀在顶发区与侧发区的交界处，突出新娘端庄、妩媚的气质。

STEP BY STEP

01 将所有头发进行烫卷处理。

02 将头发分为四个发区：两个侧发区、一个顶发区和一个后发区。

03 将后发区头发自然垂下，将顶发区头发分片倒梳，使其蓬松饱满。

04 将倒梳后的头发做成饱满、光滑的半圆形发包，将发尾扭转并固定。

05 将余下的发尾倒梳，与后发区做层次衔接。

06 将侧发区头发分横片倒梳，使其蓬松。

07 将头发表面梳理光滑，喷发胶收净碎发。

08 利用烫卷的发丝弧度做出S形刘海造型，注意侧发区和顶发区发包弧度的衔接。剩余发丝从耳后做翻卷处理。

09 下卡固定，使发尾与后发区头发衔接。

10 两侧发区操作方法完全相同。

11 发型完成图（正面）。

12 发型完成图（侧面）。

华美、精致的皇冠和闪亮的钻饰点缀于形状饱满、层次分明的发丝之间，尽显女性的婉约与雅致。

STEP BY STEP

01　将头发分成五个发区：刘海区、顶发区、两个侧发区和后发区。

02　先将后发区上下分开，然后将下方头发再左右分开。

03　将一侧头发倒梳，使其蓬松。

04　将倒梳好的发丝纵向梳理成片状，梳光表面，喷发胶定型。

05　将整理好的片状头发向脑后做外翻卷，使发尾自然垂下，下卡固定。

06　另一侧头发操作手法同上。

07 将后发区剩余上半部分的一侧头发倒梳，梳光外侧表面，并喷发胶定型。

08 采用手打卷造型、摆放并固定，剩余发尾自然垂下。

09 取后发区剩余的另一侧头发，做倒梳处理，梳光表面后，向头顶方向做外翻处理。

10 下卡固定。发尾自然垂下，与下部头发做好衔接。

11 将头顶发区头发倒梳，使其蓬松。

12 将表面头发梳理光滑，做成发包，喷胶定型，用卡子固定，发尾自然垂下。

13 将所有留下的发尾在头发表面做手打卷，并下卡固定，用以填充发型空缺部位。

14 将后发区下方余下的一侧发尾做打手卷，固定至发型底部。

15 取另一侧剩余发尾，做手打卷，用卡子将做好的手打卷固定在后发区下方。

16 将两个发区底部头发合并在一起，下卡固定。

17 将刘海区头发提拉发片，做倒梳处理。

18 梳光表面发丝，整理好刘海的自然弧度后，向上做外翻卷，并收好发尾，下卡固定。

19 将剩余一侧发区头发倒梳，使其蓬松。

20 将头发梳理光滑，向斜后上方做外翻卷处理。

21 下卡固定，将发尾收起并固定。

此款造型简约而不失时尚气息，不仅突显了女性的端庄与优雅，拧绳续发手法也使其保留了少女的清纯气息。

STEP BY STEP

01 将头发分成三个发区：刘海区与侧发区合并为一个发区、顶发区与后发区合并为一个发区、一个侧发区。

02 将顶发区的头发倒梳，使其蓬松。

03 将顶发区的头发向后梳光表面，将头顶部整理出饱满的弧度，喷发胶加以固定。

04 由刘海区开始，沿着发区的走向进行两股拧绳续发。

05 用卡子将编好的发尾固定在后发区枕骨下方。

06 另一侧以同样的手法进行两股拧绳续发。

07 将发尾同样固定在枕骨下方。

08 将所有发尾头发做倒梳处理。

09 整理出发丝纹理，喷发胶定型。

10 将精致的饰品点缀在发包下方及两股拧绳之间。

白色丝带饰品点缀在发丝之间，打造出新娘清新、浪漫的甜美气质。此款造型是影楼拍摄中的常用造型。

01　首先挑选一款沙色长卷发全头套。

02　将头发梳光滑，发尾收理干净。

03　将头套固定在头顶部位。

04　将头发分成两个发区：左发区、右发区。

05　将右侧发区头发分为三股。

06　将丝带系在其中一股头发上，用卡子固定。

07　将头发与丝带一起进行三股编发。

08　将发尾用丝带缠绕后系成蝴蝶结。

09　另一侧操作手法同上（发型完成图正面）。

简洁大方的编发造型，配以精巧闪亮的皇冠，尽显女性恬静、端庄的气质。

STEP BY STEP

01 将所有头发分为三个发区：后发区、两个侧发区。

02 将顶发区头发倒梳，使其蓬松。

03 将头发表面梳光滑，喷发胶定型，用手将头发推出饱满的半圆形，用卡子固定，留出发尾。

04 将侧发区头发做三股续发编发，提拉出立体感。

05 另一侧发区以同样的手法做三股续发编发，提拉出立体感。

06 将两侧的编发发尾合并在一起，用卡子固定。

07 发型完成图右侧（要求纹理清晰）。

08 发型完成图左侧。

此款为经典的韩式新娘造型，正面的设计非常简洁、大气，而侧面和后面的造型又带给人一种精致、浪漫的感觉，是现代女性青睐的造型风格之一。

STEP BY STEP

01 用电热卷将所有头发烫成蓬松大卷，再将头发分为顶发区、后发区、左侧发区、右侧发区和刘海区。

02 先将顶发区头发进行倒梳处理，使其蓬松。

03 将表面头发梳理光滑，整理成饱满的发包状（根据脸型决定顶发区发包的高低）。

04 将后发区剩余的头发横向均分为三份，后发区中间的区域不动，取其一侧的头发倒梳并梳光表面，做外翻卷，下卡固定到顶发区发包处，发尾自然垂下。

05 将另一侧头发同样倒梳，梳光，做外翻卷，下暗卡固定在顶发区发包固定处，发尾自然垂下。

06 按同样的手法将刘海区头发做翻卷固定至顶发区的发包固定处。

07 向外翻卷剩余发尾，以手摆卷的方法将其放在发包与外翻卷之间的空隙处，衔接上下层次。

08 另一侧发区用同样的手法处理。

09 将刘海区根部头发做倒梳处理，梳光表面，做出弧度。

错落有致的手打卷造型精美别致，饰品的点缀尽显新娘高贵、典雅的完美气质。

STEP BY STEP

01　先用电热卷将头发烫卷，将头发分为后发区、左侧发区、右侧发区及刘海区。

02　将后发区斜分为两份，分别扎偏侧式马尾。

03　注意两个马尾位置的高低层次。

04　将上面的一个马尾分为两份，取其中一份，进行手打卷处理，发卷要梳理干净，摆放要有层次。

05　将剩余的发尾做手打卷，与第一个手打卷衔接。

06　将下部的马尾同样分为两份，将一份做手打卷，衔接至第一个马尾下方，剩余发尾自然垂下（整体发尾造型呈葡萄形）。

07　将同侧发区头发从发根倒梳，做拧包并下卡固定至后发区马尾造型处。

08　利用发尾卷发做好衔接，注意发型整体轮廓、弧度。

09　将右侧发区发根倒梳，拧卷并下卡固定到另一侧马尾发卷处，发尾做好层次衔接。

10　将刘海区头发分片倒梳，梳光表面，梳向后侧造型区，拧包并固定。

11　发型完成图。

动感随意的手抓式盘发造型，搭配精美别致的饰品，不但衬托出新娘的高贵与典雅，同时也体现出新娘的时尚与个性。

STEP BY STEP

01 用电热卷将头发做烫卷处理，上卷要均匀。

02 待电热卷冷却后，将其取下。

03 将头发分为后发区、左侧发区、右侧发区和刘海区。

04 将后发区头发拧包，固定到顶发区，发尾甩向刘海同侧。

05 用倒梳的手法将发尾推至发根。

06 将倒梳后的发尾整理成偏侧的饱满心形。

07 在没有刘海的侧发区提拉发片并倒梳。

08 将梳理好的侧发区头发拧包至顶发区根部并固定，在发际边缘留出少量发丝，用以修饰脸型。

09 将与刘海同侧发区的头发分为上、下两个发区，将靠近顶发区的头发做倒梳处理，梳光表面后，拧包并固定至顶发区发根部位。

10 将剩余侧发区头发同样做拧包并固定，发尾自然垂下，以衔接偏侧的后发区发尾层次。

11 将刘海区头发发根倒梳，用手抓出发丝纹理，并喷发胶固定。

12 最后检查造型轮廓，整理发丝纹理，佩戴饰品。

此款造型的不对称式设计彰显出新娘清新、俏丽的甜美气质，圆形的珍珠皇冠又给娇俏的新娘增添了几分童话中公主般的尊贵气质。

STEP BY STEP

01 用电热卷将头发做烫卷处理。

02 先将头发呈Z字形分为左、右两个发区，从前发区头发较多的一侧留出刘海区，将一侧发区头发在耳后上方用皮筋扎成马尾。

03 将另一侧头发在耳下方扎成马尾，使两个马尾在两侧形成高低差异较大的不对称形式。

04 将一侧马尾分片倒梳。

05 倒梳后将整个发尾整理成上大下小的水滴形，发丝层次乱中有序。

06 另一侧用同样的方法倒梳。

07 倒梳后整理出自然蓬松、纹理清晰的水滴状。

08 将刘海区头发向上提拉，做倒梳处理，使其饱满蓬松，以拧包手法将其固定至一侧后方。

此款造型简约大方，柔美的卷发显示出女性的浪漫与妩媚，而头顶围夹似的珠花饰品又为新娘增添了一份清新的美感。

STEP BY STEP

01 将头发进行烫卷处理后，分为左、右两个发区，前发区分缝可根据脸型加以调整。

02 提拉顶发区头发并倒梳，使头发蓬松饱满。

03 将倒梳好的头发表面梳理光滑，并调整出半圆形轮廓。

04 将一侧发区的发丝用手随着内扣烫卷的走向拧转。

05 将整体发丝整理成连环的卷筒状。

06 再将发卷整理出蓬松的层次。

07 将另一侧发区顶部头发倒梳，使头发蓬松。

08 将倒梳好的头发表面梳理光滑。

09 将整个发区的头发用手随着内扣发卷的走向拧转。

10 同样整理成连环的卷筒状。

11 再将发卷整理出蓬松的层次。

12 发型完成图正面。

STEP BY STEP

01　将头发烫卷后分成四个发区。

02　顶发区、两个刘海侧发区、后发区。

03　将顶发区的头发分片倒梳，使发丝自然、蓬松。

04　将倒梳好的头发表面梳理光滑后，将发尾向内侧打横卷收起，下卡固定。

05　将两边刘海侧发区的头发分别梳理出自然下垂的弧度，但发丝一定要收干净。

06　将剩余发尾拉至耳朵位置并做手打卷，下卡固定。

07　将另一侧刘海区按同样方法处理好后，将后发区发尾从颈椎处向内做扣卷，下卡固定。

08　发型正面图，刘海两侧发区发量要均匀，发缝尽量笔直。

09　发型侧面图，发包无须太高、太大（可根据脸型做适当调整）。

选用仿钻皇冠或其他仿钻饰品，围绕发包边缘进行点缀。

简洁、精巧的卷发造型，点缀丝绸质感的绢花发箍，衬托出新娘清新、浪漫的甜美气质。

STEP BY STEP

01 将头发用电卷棒进行烫卷处理。

02 将顶发区头发扎马尾并固定。

03 将后发区的头发向上提拉，拧转后用卡子固定至马尾下方，留出发尾。

04 将留出的发尾打开，将发梢固定至顶发区马尾根部，遮盖住马尾与后发区之间的发缝。

05 用手将顶发区的马尾发片打开，再将发卷整理出轮廓。

06 将马尾向两侧打开，与侧发区做好衔接，下卡固定。

07 将马尾的发卷中部以间隔的方式下卡固定。

08 用尖尾梳尾部调整后发区造型的饱满度和层次。

09 将刘海区的头发随着发卷的弧度向一侧梳理干净，做内扣拧包。

10 将刘海区发尾与顶发区造型做好衔接，喷发胶固定。

浪漫、随意的发卷造型衬托出女性的柔美气质，而在耳至眼眉之间点缀的纱质珠花，让新娘的妩媚风情尽显眼前。

STEP BY STEP

01 将头发做烫卷处理后，从正头顶至耳上方分为前、后两大发区，再将前发区按三七分缝，分为两个侧发区。

02 将后发区上部的头发倒梳，使头发蓬松。

03 将倒梳好的头发表面梳理光滑，用后发区上部头发推出饱满的弧度，在枕骨下方将发丝收拢并固定，使上部头发呈发包状。

04 将发尾提起，下面留一部分发丝。

05 用手提起发尾，轻柔地倒梳，以保持头发的卷度。

06 将倒梳好的头发随意从根部取出一些发片，固定到发包下方。

07 将发尾自然垂下，遮盖住发包固定的部分，整理发卷层次，使其衔接自然。

08 将刘海侧发区头发分层倒梳，梳光表面。

09 用手将侧发区发卷由前向后侧方提拉出层次，必要时下卡固定。

10 将另一侧发区头发倒梳，使头发蓬松。

11 取最表层头发，向外拧转，注意保持发根位置的饱满度。

12 扭转后下卡固定，发尾自然垂下。

13 将侧发区剩余发尾整理出高低、疏密的层次。

波浪式高低起伏的复古造型，加上时尚闪亮的钻饰发卡，两种截然不同的风格相结合，诠释出新娘古典、冷艳的别样气质。

STEP BY STEP

01　将头发分区上电热卷。

02　待电热卷冷却后，将其取下，上卷后的发丝弹性较好，卷度自然，更易造型。

03　将顶发区头发分层倒梳，使头发蓬松、饱满。

04　将倒梳好的头发表面梳光，注意保持头顶造型的饱满度，将刘海边缘的头发按烫卷后的自然弧度整理成形，摆放出纹理。

05　将另一侧发区的头发分层倒梳，使头发蓬松、饱满。

06　将倒梳好的头发表面梳理光滑，并将全部发卷梳理成复古的波浪造型。

07　从后脖颈上方将发尾拧转，推成饱满的发包，下卡固定，留出发尾卷发，自然下垂。

08　发型侧面轮廓。

09　发型正面轮廓。

　　整体造型运用韩式编发方法，结合浪漫的卷发造型，突出新娘清新与浪漫的柔美气质。

STEP BY STEP

01　将头发用电热卷分区烫卷。

02　待电热卷冷却后取下发卷，烫后的头发更易造型，弹性较好。

03　以一侧眉峰为界分好发缝。从刘海区和后发区交界处取一片头发，分为三等份，做编发处理。

04　编辫时不要过于贴近头皮，应提拉至一定高度，便于发型饱满度的呈现。

05　采用续发编辫的方法将刘海及发际边缘的头发续入造型中。

06　编至耳后位置停止，将剩余发尾下卡固定。将另一侧头发整理出自然的外翻卷造型。

整体造型线条简洁、大气，用纱质的柔美绢花点缀在发型的前后层次之间，突显出新娘简约时尚的明星气质。

STEP BY STEP

01 以耳正上方为界，将头发分成前、后两个发区。

02 以眉梢为界将前发区的头发分为三个发区（两个侧发区、一个刘海区）。

03 将刘海方向的侧发区和后发区合为一体，扎成偏侧式马尾。

04 将马尾分层倒梳，使头发蓬松。

05 将倒梳好的头发向前内扣，做出发包，下两个发卡固定。

06 将另一侧发区根部倒梳蓬松后做拧包，下卡固定。

07 将剩余发尾顺入发包下方，将其隐藏。

08 将刘海区的头发倒梳，使头发蓬松。

09 将倒梳好的头发向一侧梳光表面。

10 将梳光的刘海区头发做成手打卷，放置在眉峰上方，并下卡固定。

此款造型将浪漫的偏侧式卷发和古典正统的发包完美融合，为新娘高贵、典雅的气质平添了浪漫与柔情。

STEP BY STEP

01　用电卷棒将头发进行烫卷处理。

02　将头发分为三个大发区（顶发区、刘海区、后发区）。先将后发区的头发分成上、中、下三部分，
　　将下部头发梳向与刘海相反的方向，拧转后下卡固定，发尾自然垂下。

03　将后发区中部头发向下拧转，下卡固定，发尾自然垂下。

04　将靠上的后发区头发用同样的手法向下拧转，下卡固定，发尾自然垂下。

05　将顶发区的头发分层倒梳，使头发蓬松。

06　将倒梳好的头发侧梳向马尾同侧，头顶呈饱满的半圆形发包。

07　将发尾向内侧拧转，下卡固定。

08　将刘海区的头发向一侧梳理成半圆形。

09　将发尾顺至后发区，做成卷状，下卡固定。

10　将所有留出的发尾整理出层次，必要时下卡固定。

STEP BY STEP

01　将头发进行烫卷处理，分为四个发区。

02　刘海区、侧发区、顶发区和后发区。

03　将后发区分为左右两个部分，先将刘海同侧的后发区头发整理成卷筒状，放置在耳后位置，使其自然下垂。

04　将剩余头发卷烫，使其呈片状，梳光表面发丝。

05　将发片压住之前烫好的卷筒，放置在耳后位置，下卡固定，发尾自然垂下。

06　将顶发区头发向相同的方向梳理，在耳后上方扎马尾并固定，发尾自然垂下。

07　将扎好的马尾分层倒梳（只倒梳发根和中间部分，发梢不动）。

08　将倒梳好的发丝整理出饱满的形状和层次。

09　注意头顶部位弧形的饱满度，必要时可下卡固定。

10　在侧发区留出少量发丝，修饰脸型，将剩余头发发根倒梳，梳光表面后向上拧转。

11　将拧转后的发尾拉向头顶上方，下卡固定。

12　将顶发区头发分片倒梳，使头发蓬松。

13　将倒梳好的头发外翻，使其呈片状，并将其梳理光滑。

14　将发尾分为前、后两个发区，先将后侧发片提拉至顶骨偏侧位置，做外翻卷，下卡固定。

15　将余下的刘海做外翻卷，固定至太阳穴上方，与后部头发做好衔接。

动感、流畅的偏侧式烫发造型，突显了现代女性的浪漫气质和妩媚风情，得到了众多新娘的青睐。

端庄的发包造型搭配自然垂下的刘海发卷，再加以清新花朵的点缀，原本端庄稳重的新娘造型多了一份靓丽清纯的美感。

STEP BY STEP

01　将头发烫卷后分为两个发区。

02　刘海区、后发区。

03　将后发区的头发在头顶部位扎马尾并固定。

04　将刘海区头发倒梳，使头发蓬松。

05　将倒梳好的头发表面梳理光滑。

06　将梳理好的头发自然垂向一侧，整理出刘海的弧度后下卡固定。

07　将马尾头发分层倒梳。

08　调整头发倒梳后的饱满度。

09　将倒梳好的头发向后将表面梳光滑，整理出一个自然的发髻，下卡固定。

10　发型完成图正面。

整体造型以古典的发包和线条流畅的外翻卷相结合，体现出新娘端庄、优雅的高贵气质。

STEP BY STEP

01 将头发分为三个发区。

02 两个相等的侧发区和一个后发区。

03 先将后发区的头发分横片倒梳，使头发蓬松。

04 分别在两耳后下方各留出一缕发丝，并进行烫卷处理。

05 将倒梳好的头发表面梳理光滑，发尾向内侧做手打卷，下卡固定并加以隐藏。

06 将两个侧发区的头发分别倒梳，使头发蓬松。

07 将倒梳好的头发表面梳理光滑，由下向上做外翻卷。

08 下卡固定，将发尾以同样的手法向后做连环卷，下卡固定。

09 发包要求饱满圆滑，注意侧发区的发卷与发包应衔接自然、流畅。

柔美的卷发造型突显了新娘浪漫优雅的气质，而看似随意梳向一侧的发丝则为新娘平添了一种妩媚、妖娆的别样风情。

STEP BY STEP

01 将头发烫卷后分层倒梳，只倒梳发根与中间部位，使其更加蓬松、饱满，注意不要破坏发梢的卷度。

02 将整体发丝用手向另一侧梳理，用手梳理更易保留头发的自然卷度。

03 用手将头发抓出纹理后，喷发胶定型。

04 将另一侧发区的头发由前向侧后抓出自然的偏侧式外翻卷。

05 将发尾向后提拉，较长的发丝可用卡子加以固定，留下部分发丝自然垂下。

06 整体造型偏向一侧，发卷层次上密下疏，线条自然流畅。

整体造型清新、简约，加之华美皇冠的点缀，衬托出新娘温柔、婉约的高雅气质。

STEP BY STEP

01 将头发进行卷烫处理。

02 以正头顶至耳上为分界线，分为前、后两个大发区。

03 前发区以三七分为两个侧发区。

04 将后发区的头发束成中高位马尾。

05 将发卷发尾倒梳，使其呈饱满发包状，喷发胶，用卡子固定。

06 先在侧发区额角处留出少许发丝，用以修饰脸型，再将头发分为两份，提拉后做交叉换位。

07 直接佩戴带梳齿的皇冠，发尾卷发自然散开，和后发区做好衔接。

08 另一侧发区使用相同的方法，用皇冠加以固定。

09 将头顶部位的发卷倒梳，整理出自然的层次和饱满的轮廓。

简洁、精致的编发造型，衬托出新娘清新、秀丽的优雅气质，古典的发髻和华美的皇冠饰品相搭配，打造出一款极具英伦风格的欧式新娘造型。

STEP BY STEP

01 先以两耳中部位置的连接线为分界线分出一个小的发区，然后以三七为界，将前发区头发分为左、右两个大发区。

02 将底发区头发收成发髻，下卡固定。

03 将假发片的一端固定在盘好的发髻上方。

04 将假发片另一端做卷筒收起。

05 用卡子将卷筒固定在发髻下方的头发根部，拉成半圆形发包。

06 在侧发区顺着发缝的方向取一股发片，均分为三份。

07 用分好的三股头发续发编辫。

08 三股续发编辫至发辫末梢处，下卡固定。

09 将编好的发辫延后发区发包边缘摆放，并拉至另一侧，在发包下方隐藏好，下卡固定。

10 取另一侧发区发缝边缘的头发，同样分成三股发片。

11 以三股续发编辫的方法编至发尾。

12 将编好的发辫延后发区发包边缘摆放，并拉至另一侧，在发包下方隐藏好，下卡固定。

STEP BY STEP

01 将头发分为四个发区。

02 两个对称的前侧发区。

03 一个顶发区和一个后发区。

04 将顶发区头发分层倒梳，增加头发的蓬松度。

05 将倒梳好的头发表面梳理光滑。

06 将头发做成卷筒状拉开，形成发包后，下卡固定。

07 取左侧发区头发，分层倒梳。

08 将倒梳好的头发表面梳理光滑，压至耳上方，向侧后方做外翻卷造型，并下卡固定。

09 将另一侧发区的头发分层倒梳。

10 将表面的头发梳理光滑，同样压至耳上方，做外翻卷造型，并下卡固定。

11 将两侧发区剩余发尾提拉至发包下方，下卡固定。

12 将后发区头发分横片倒梳。

13 由下向上将倒梳好的头发表面梳理光滑。

14 将头发拧转提拉在发包下方，下卡固定，发尾留出。

15 将卷曲的假发片根部用卡子固定在发包下方，发尾自然垂下。将后发区头发拧转后留出的发尾做拧绳处理，对假发边缘断层处进行遮挡。

经典而大气的中分式造型，搭配浪漫的波
浪假发，加以点缀在前额的水钻饰品，打造出
了一款极具印度风情的异域新娘造型。

偏侧式的外翻卷造型突显出新娘清丽、优雅的气质，而额前几缕发辫不仅修饰了新娘较长的脸型，又为整体造型增添了俏丽、明媚的美感。

STEP BY STEP

01 将前发区头发做三七分缝。

02 在发量较少的一侧留出一个前侧发区，剩余头发为一个整体大发区。

03 将侧发区头发横向均匀地分为三个发片。将发片分别编成三股发辫，直至发梢，用鸭嘴夹固定。

04 将剩余头发全部分片，做外翻烫发处理。

05 将烫好的发卷全部向大发区一侧整理并固定。

06 再将前侧刘海区发卷用手抓的方法整理出层次。

07 将编好的三股发辫向刘海区的方向斜拉，用以修饰脸型。

08 摆放好发辫的位置，下卡将其固定在耳后方。

翻卷的发丝犹如被春日的暖风轻轻拂起，加上精致纱帽饰品的搭配，一款绚丽、浪漫的新娘造型便展现在众人眼前。

STEP BY STEP

01　将头发从耳上至头顶分为前后两个大发区。

02　将后发区头发纵向分为左、右两个发区。

03　将前发区以三七为界分开。

04　将发量少的一侧发区和同侧后发区的头发全部分层倒梳。

05　将侧发区和后发区合为一体，梳光头发表面，提拉成片状。

06　将发片提拉至脑后正中位置并拧包，下卡固定。

07　将另一侧头发分层倒梳后，梳光表面，使其呈发片状，提拉至发包外侧，拧转发尾，下卡固定。

08　将剩余发区的头发分层，做外翻烫卷处理。

09　用手将烫好的发卷由前向后抓出线条和层次。

10　将多余发梢提拉至头顶部位，下卡固定。

　　简约的发包造型点缀几缕浪漫的发丝和几朵精致的小碎花，既衬托出新娘的温婉与娴静，又平添了新娘如少女般清新、俏丽的纯美气质。

STEP BY STEP

01　将头发以从耳上至正头顶的连接线为界分为两个大发区。

02　将前发区头发以三七为界分开，大的发区为刘海区，剩余发区与后发区合为一体，然后在脖颈上方留出少许发丝，烫卷后下卡，暂时固定。

03　将后发区头发扎马尾，固定至与刘海方向相反的中部偏侧位置。

04　将扎好的马尾全部倒梳，以增加发量，使其结构饱满。

05　将倒梳好的头发表面梳理光滑，做成纵向的发包，下卡固定。

06　将留下的几缕头发自然垂下，整理好层次。

07　将刘海区头发做倒梳处理，使其蓬松。

08　将刘海区头发表面梳理光滑，一定要注意发丝的蓬松度，向下做拧包并固定，将发尾隐藏好。

这是一款具有宫廷特色的新娘造型，精致的发型轮廓和华丽的钻饰衬托出新娘高贵、典雅的非凡气质。

STEP BY STEP

01 将头发分为四个发区。

02 刘海区、顶发区、两个侧后发区。

03 将顶发区头发倒梳，使其蓬松、饱满。

04 将倒梳的头发表面梳理光滑，从发尾向发根做手打卷。

05 将发尾卷至发根位置，将其拉开，使其形成发包状，下卡子固定。

06 将刘海区的头发倒梳，使头发蓬松。

07 将倒梳好的头发表面梳理光滑。

08 将刘海区头发梳理成片状，加以拧转，下卡固定。

09 将剩余发尾做手打卷，下卡固定，加以隐藏。

10 将剩余两个侧后发区的头发分别用电卷棒外翻烫卷。

11 发片要分均匀，卷度要一致。

12 取烫好的一侧后发区头发，分竖片向斜后方提拉，进行两股续辫处理。

13 将发尾收到头顶发包的下方，用卡子固定。

14 另一侧发区以相同的方法加以处理。

此款造型是现在最为流行的手抓发造型，看似简单随意，实则对发丝的层次、线条要求极严。整体造型简约而不单调，烫卷与手抓发的衔接更好地衬托出新娘浪漫、时尚的气质。

STEP BY STEP

01　将头发分成四个发区。

02　顶发区、两个侧发区和后发区。

03　先在后发区耳后发际线边缘留出一些发丝，然后把剩余后发区头发扎马尾，固定在顶发区。

04　将马尾头发分层进行倒梳（只倒梳发根部位）。

05　将发梢的发卷打开并整理出发丝的纹理及层次，喷发胶固定。

06　将两个侧发区的头发倒梳，使其蓬松。

07　用手将头发抓出纹理，并向斜后方提拉，用卡子固定。

08　同样使用手抓的方法，将刘海区的头发发根倒梳，使其蓬松。

09　由前向斜后方用手抓出纹理，喷发胶固定。

浪漫的偏侧式发卷，配以顶部精致、端庄的发包，唯美而不张扬，是现
代女性钟爱的当日新娘造型之一。

STEP BY STEP

01 将头发分成三个发区。

02 刘海区、顶发区（侧发区与顶发区合为一体）、后发区。

03 将顶发区的头发倒梳，使头发蓬松。

04 将倒梳好的头发表面梳理光滑。

05 将整个顶发区收拢，形成一个发包，用卡子固定。

06 提拉起上半部分的后发区的头发，由右向左梳理，拧卷后下卡固定在顶发区偏侧的位置，发尾留出。

07 使用同样的手法，取后发区右下侧头发拧卷，下卡固定至左侧，打造出后发区的层次并改变发尾的位置。

08 将刘海分层内扣烫卷。

09 将刘海区发根倒梳，使其与侧发区饱满的发丝状态一致，梳光表面头发，整理出半圆形偏侧式刘海，将发尾下暗卡固定
至一侧。

简约的偏侧式发包加以精美头饰的点缀，打造出一款甜美、俏丽的别样新娘造型。

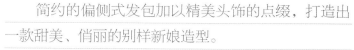

STEP BY STEP

01　将头发由右向左梳理，再将后脖颈发际上方的头发留出一部分，扎马尾固定。

02　将马尾的发梢做内扣打卷，下暗卡固定（因为底部发区头发不容易随整体头发固定成型）。

03　将剩余的头发分层倒梳，使头发蓬松。

04　将倒梳好的头发的表面由右向左梳理光滑，在后发际边缘用卡子固定，避免底部发丝散落下来。

05　将整体发尾向内侧做手打卷，用卡子固定，将形状整理得饱满圆润。

蓬松、随意的发卷点缀精致、小巧的发饰，为新娘浪漫、柔美的气质增添了一种如花瓣飘落于发间的灵动之美。

STEP BY STEP

01　用电卷棒将头发烫卷，再将烫好的发卷分层倒梳（只倒梳发根部位）。

02　将倒梳好的头发由前向后整理出发丝的纹理，在后发际边缘及耳后留出少许发丝，使其垂下。

03　将发量大的侧发区头发从根部进行倒梳处理，使发根蓬松，向后拧卷，用卡子固定到枕骨的位置，留出发梢，并在发际边缘留出少许发丝，加以点缀。

04　另一侧发区使用同样的手法处理，使头发向后侧方自然隆起，发丝要蓬松、自然、轻盈、动感。

此款造型线条简洁、流畅，没有多余或繁杂的设计，衬托出新娘清新如兰的优雅气质。

STEP BY STEP

01 先用电热卷将头发进行烫卷处理，将顶发区发根倒梳后梳光表面，使顶发区从正面看起来呈现饱满的弧度。

02 将前发区头发三七分，取发量较多的一侧头发，开始两股拧辫，沿着发际线续发。

03 一直编到后发区另一侧，下暗卡固定至另一侧耳后方，留出发尾。

04 将另一侧侧发区发根倒梳，取上侧一半头发，梳光表面，拧卷后下卡固定到耳后下方。

05 将剩余头发表面梳光，拧卷后固定在相同位置略下方，整理出发尾的层次。

Chapter 2

● 晚装发型设计

整体造型以工整的手打卷和饱满的包发相结合，搭配精致细长的复古眼线，打造出新娘独特的古典神韵。

STEP BY STEP

01 先将头发以从耳中至头顶的连接线为界分为前、后两个发区。

02 将前发区以三七为界分出刘海区，将剩余前发区与后发区合为一体。

03 从后发区左耳后下方分出一个小的后发区，将其他部位分为顶发区。

04 先处理顶发区，将头发倒梳，使其蓬松饱满。

05 将头发表面梳理光滑，梳向顶发区侧后位置。

06 以内扣手法将其做成发包，发包要弧度流畅、饱满。

07 将多余发尾以拧绳手法拧紧，再做手打卷并固定。

08 将刘海区分为四个小发区。

09 在耳上方将第一片发片以手摆卷的手法做出第一个发卷，下暗卡将其固定。

10 以此类推，处理其他三个发区。

11 接着处理整个侧后发区，先将头发倒梳，使其蓬松。

12 向斜上方提拉，将头发表面梳理光滑。

13 将头发斜拉至刘海区与顶发区的分区线处，做手打卷，下卡固定，使头发相互衔接，自然贴合。

整体造型以精致的外翻卷组合出饱满的发髻，塑造出新娘端庄、优雅的古典气质。

STEP BY STEP

01 先将头发从头顶至耳上方分为前、后两个大发区，再将后发区分为顶发区和上、下两个后发区。

02 将前发区以三七为界分出刘海区和一个侧发区。

03 从下后发区开始操作，将底部发区头发倒梳并梳光表面。

04 将中部发区头发倒梳后，梳光表面并做卷筒状，下卡固定。

05 放下顶发区头发，将其分为两份。

06 将头发倒梳后，梳光表面并做卷筒状，下卡固定。

07 将头发分成两份，用大号电卷棒以外翻手法卷曲头发。

08 以外翻手法将第一份头发与后发区头发衔接并固定。

09 将多余发尾头发以手打卷手法固定并收好。

10 将剩余刘海区头发以斜拉外翻卷的方式固定在前一发区之上。

11 放下剩余侧发区头发，用大号电卷棒以外翻手法斜向卷曲。

12 以打卷手法将其与后发区头发衔接并固定。

华丽、闪耀的
钻饰与优雅、复古
的外翻卷造型，打
造出了新娘古典、
端庄的华美形象。

STEP BY STEP

01 将头发分为四个发区。

02 右侧刘海区和右侧后发区。

03 两个相等的后发区（以脑后正中心为界）。

04 用电卷棒将侧发区头发进行外翻烫卷处理。

05 同样用电卷棒将后发区头发也进行外翻烫卷处理。

06 用电卷棒将右侧后发区头发向左进行外翻烫卷处理。

07 再将右侧刘海区的头发进行外翻烫卷处理。

08 烫好的发卷形状以锥形最为漂亮、自然。

09 将侧发区的发卷轻轻向斜后方拉至后发区发卷的上方，下卡固定，留出发尾。

10 将侧发区留下的发尾与后发区同侧的发卷结合在一起，顺着发卷的形状以连环卷的方式依次沿发际边缘线收起并下卡固定。

11 将侧发区的发卷以同样的手法轻轻向后拉至后发区发卷的上方，下卡固定，留出发尾。

12 将侧发区留下的发尾与后发区右侧的发卷结合在一起，以同样的方法将发卷收起并固定。

13 将两侧发尾在脑后正中合为一体，下卡固定，使其呈卷筒状。

14 在刘海头发上喷发胶，用手整理出层次。

干净、简洁的偏侧式手打卷发髻造型，配以色彩粉嫩的绢花，衬托出新娘清新、柔美的优雅气质。

STEP BY STEP

01 将头发分为三个发区。

02 前发区（包含刘海区和两个侧发区的位置）和上、下两个后发区。

03 将后发区下层头发提拉，一层层倒梳，使头发蓬松。

04 用梳子将头发表面梳光滑，由左向右梳理。

05 将头发向内侧拧转，用卡子固定，发尾留出。

06 将发尾由下向上翻转，做手打卷，用卡子固定。

07 将后发区上层的头发提拉，一层层倒梳，使头发蓬松。

08 用梳子将头发表面梳光滑，由左向右梳理。

09 将头发向内侧拧转，用卡子固定，发尾留出。

10 将发尾由下向上翻转，做手打卷，用卡子固定。

11 将顶发区头发提拉，一层层倒梳，使头发蓬松，注意留出三角形刘海区。

12 将头发向内侧拧转，下卡固定，将剩余发尾由下向上翻转，做手打卷，并下卡固定。

13 将刘海一层层倒梳，使头发蓬松。

14 梳光头发表面，向一侧斜拉，整理出弧度，将发尾向内侧拧转，用卡子固定。

自然随意的手抓式发髻，点缀精致的蝴蝶结发饰，打造出浪漫、简约的韩式风格新娘造型。

STEP BY STEP

01   把头发分为四个发区（刘海区和纵向分为三份的后发区）。

02   先将后发区中部头发倒梳至蓬松、饱满。

03   将头发表面梳理光滑，把发尾压至脖颈以下，然后将余出发尾向上拧包，做出下垂的发髻造型。

04   将两侧发区的头发打开，用手抓发的形式将其横向一缕缕地分开。

05   把分开的两侧头发向中部拧转，分层下卡固定，让头发的层次更加明显，将发尾依次下卡固定。

06   另一侧的头发也是用手抓发的方式把层次分开，拧转后下卡固定。

07   将两侧剩余发尾做手打卷，平贴于发髻表面下卡固定。

08   将刘海区发根倒梳，使其饱满，调整前额处刘海弧度。再将剩余发尾做卷，下卡固定于侧发区表面。

整体造型以浪漫的发卷衬托新娘柔美、恬静的个性，而偏侧式的发型走向又为整体设计增添了一份俏丽与甜美的感觉。

STEP BY STEP

01　先用电卷棒把模特的头发烫成内扣卷。

02　将烫好的头发分为五个发区。

03　分别为刘海区、两个侧发区、顶发区和后发区。

04　将一侧发区头发倒梳，使其蓬松。

05　将倒梳好的侧发区头发拧包，用发胶处理碎发，将表面梳理光滑，留出发尾待用。

06　再将顶发区头发倒梳。

07　将头发表面梳光滑，向上提拉，用打卷的方式内扣，将发尾留出。

08　后发区的头发操作手法同上，留出发尾。

09　把另一侧发区倒梳（只需轻轻提拉发梢，做出蓬松的卷度），然后按照自然烫卷的纹理摆好。

10　将刘海区头发倒梳，将表面头发梳理光滑，向一侧收好，将发尾随着所烫大卷的自然弧度固定在额角的位置。

STEP BY STEP

01 将头发进行烫卷处理，分为四个发区。

02 一个顶发区、两个侧发区。

03 一个后发区（分区线要流畅）。

04 将后发区头发拧包，下卡固定。

05 将编好三股辫的假发固定在收好的真发辫上。

06 将假发辫沿着真发边缘盘绕，用卡子固定在四周。

07 将发尾收起，使其呈发髻状，用卡子固定。

08 将一侧发区头发倒梳，使头发蓬松。

09 用手将倒梳好的头发向侧上方抓出发丝的纹理，将发

尾固定至后发区发髻，将表面做好衔接。

10 整理好发丝的纹理后用发胶定型。

11 将另一侧发区的头发同样倒梳。

12 用手向侧下方抓出发丝的纹理，并与假发自然衔接。整理好发丝的纹理后用发胶定型。

13 用卡子将真发局部固定在假发上。

14 将顶发区头发倒梳，使其蓬松。

15 用手由前额向后抓出头发的层次感，做好顶发区与侧发区之间的衔接。

饱满、蓬松的发包突显新娘高贵、典雅的气质，而动感的发丝和不对称的发型走向塑造出新娘时尚、俏皮的个性，让整体造型更加新颖、别致

极具朋克风格的卷发，以其简约的线条设计，动感的发丝走向打造出时尚、张扬而又不失女性柔美的新娘晚装造型。

STEP BY STEP

01　将头发进行烫卷处理后分为五个发区。

02　一个顶发区、两个侧发区、一个中后发区和一个底发区。

03　将底发区的头发横向分片并倒梳，使头发蓬松。

04　从两侧扭拉出发片，在中间并拢，下卡固定。

05　将剩余的发尾背面梳光滑，由下向上做外翻卷，使其下垂并呈饱满的发包，下卡固定发尾。

06　将中后发区的头发进行倒梳，使头发蓬松。

07　将倒梳好的头发的发根部位交错拧转（可缩短头发长度，增强立体感）。下卡固定，留出发尾。

08　将侧发区头发进行倒梳，使其蓬松。

09　梳光表面头发，做手打卷，留出发尾。

10　将另一侧发发同样分层倒梳，使头发蓬松。

11　梳光表面头发后做手打卷，留出发尾，下卡固定。

12　将顶发区头发（包括刘海区在内）分层倒梳，使头发蓬松 。

13　将五指打开，插入发片中段部位，由前向后抓出层次。

14　头发应蓬松饱满，弧度顺畅，衔接自然。

精致的手打卷造型层次丰富，线条
饱满流畅，一种古典独特的东方神韵在此
款新娘造型中被演绎得淋漓尽致。

STEP BY STEP

01　以二八为界分出前发区的发缝。

02　将发量较多的一侧发区以耳上至正头顶的连接线为界，分出前侧发区。

03　将剩余头发分为顶发区和三个后发区。

04　将较少发量的侧发区与后发区合为一体。

05　取与刘海同侧的后发区头发，分片倒梳，使头发蓬松。

06　将倒梳好的头发表面梳理光滑，发尾向内侧做手打卷收起。

07　紧靠发际线边缘下卡固定。

08　将顶发区头发倒梳，使其蓬松、饱满，再将倒梳好的头发向同一方向梳理光滑。

09　将发尾向内侧卷起，固定在前一发区的发卷上。

10　将左后发区的头发倒梳，使头发蓬松，再将倒梳好的头发表面梳理光滑。

11　将发尾向内侧卷起，下卡固定。

12　将左侧发区的头发倒梳，使头发蓬松，再将倒梳好的

13　将发尾向内侧卷起，下卡固定。

14　将右侧发区头发分成上、下两层，先将下半部分头发倒梳，使头发蓬松。

15　将下半部分的侧发区表面梳光滑，向内侧卷起，用卡子固定。

16　将上半部分侧发区的头发倒梳，使头发蓬松。

17　将发尾向内侧卷起，下卡固定。

18　用同样的手法将刘海区头发分成两份并倒梳。

19　将下方倒梳好的头发表面梳光滑，向内侧卷起，发尾留出来。

20　将留出的发尾做手打卷，用卡子固定在发卷之间。

21　将上方的头发倒梳。

22　将头发表面梳理光滑，向内侧卷起，留出发尾。

23　将留出的发尾做手打卷，用卡子固定在发卷之间，选用精美仿钻饰品点缀其中。

头发表面由左向右梳光滑。

整体发型采用线条流畅的手摆卷和手摆波纹来营造结构和层次，打造出新娘浪漫、古典的优雅气质。

● STEP BY STEP

01　将头发分成前、后两个发区。

02　后发区发量应多于前发区。

03　将后发区头发扎好马尾（注意两个发区的分界线位置），并将扎好的马尾倒梳，使头发蓬松。

04　将半圆形碗状假发包罩在倒梳好的头发上（蓬松的头发可以起到填充的作用），用卡子将四周固定。

05　整理假发表面发丝。

06　从前侧发区开始分出发片，拉至另一侧，做手摆卷，下卡固定，注意线条的流畅性和发卷摆放的位置。

07　留下额头正上方的一小片头发，由前向后梳理并固定。

08　将一个假的长发斜刘海斜向固定在前面固定好的发区上。

09　将假刘海分为两份，先取里侧假发，做手摆波纹，下卡固定。

10　将剩余假发以同样的手法做手摆卷，下卡固定。

整体发型轻松、随意，自然垂下的前侧发丝不仅能很好
地修饰脸型，同时也衬托出女性性感迷离的妩媚眼神。

STEP BY STEP

01 将头发分成四个发区。

02 刘海区、顶发区和侧发区。

03 后发区。

04 将顶发区头发倒梳，使头发蓬松。

05 将发尾向内收起。

06 选用带鬓角的齐刘海假发遮盖住刘海区头发。

07 将侧发区头发倒梳。

08 将倒梳好的头发向一个方向梳理，喷发胶定型。

09 将向一侧梳理好的头发再向反方向拧转，发尾的发卷
自然留出。

10 用手按压拧转后的头发的中间部位。

11 用卡子固定。

12 将后发区的头发由下向上拧转。

13 发尾的发卷向下自然留出。

14 将发根部位倒梳，突出发梢的发卷层次。

15 真假发结合要自然，衔接要紧密。

STEP BY STEP

01 将头发用电热卷软化，烫出自然的大波浪。

02 将头发分为四个发区。

03 后发区、两侧发区、刘海区。

04 把后发区头发拧包，固定到右侧耳后方的位置。

05 然后将右侧发区头发的发根倒梳。

06 将其拧卷后固定到后发区头发固定的位置。

07 发尾留出，摆出自然的发卷弧度，下卡固定。

08 将后发区的发尾倒梳。

09 整理出层次及纹理。

10 将另一侧发区头发的发根倒梳，下卡固定到后发区位置。

11 将刘海区头发的发根倒梳，向一侧做出漩涡状纹理，下卡固定，将后发区与前发区的发尾倒梳，整理出层次，使其形状如水滴。

12 发型完成图正侧面。

个性动感的旋涡状刘海造型搭配精致的羽毛蕾丝饰品，既衬托出女性的柔美与娇媚，又表现出女性略带阳刚大气的狂野魅力。

此款造型通过浪漫的发卷和轻盈的羽毛饰品打造出女人如水的柔美气质和妩媚风情。

STEP BY STEP

01　将头发用电热卷软化，烫出自然的大波浪。

02　取一侧上半部发区的头发，拧包后固定于头顶偏侧位置，发尾自然垂下。

03　依次取一侧后发区头发，拧包后固定至前一发包下方，发尾自然垂下。

04　将发尾用手推的方式整理出发丝的纹理和蓬松度。

05　整理好发尾的形状后喷发胶固定，使其蓬松、轻盈、动感。

06　将剩下的刘海区和侧发区头发发根倒梳，向后梳理，使其与后发区发尾衔接，抓出纹理。

整体造型以浪漫的发卷突出女性柔美的气质，自然垂落的发丝设计让新娘造型多了一份如贵妃醉酒般慵懒随意的妩媚风情。

STEP BY STEP

01 用电热卷或电卷棒将头发烫卷，然后进行分区处理（后发区、顶发区、两侧发区、刘海区）。

02 将顶发区头发做倒梳处理，使其蓬松。

03 将头发表面向后梳光，做发包，下暗卡固定，将发尾留出待用。

04 取一侧发区头发，留出少量发丝，将剩余头发从根部倒梳。

05 抓出蓬松自然的纹理并向后拧卷，下暗卡将头发固定到顶发区固定的位置。

06 然后将同一侧后发区的头发留出少量发丝，使其自然垂下，再将剩余头发的发根横向倒梳，分别固定到顶发区位置，留出发尾，使其自然垂下。

07 将另一侧采用同样的方法处理，将刘海区头发发根倒梳，使其蓬松。

08 抓出纹理，使其向后与顶发区头发衔接。

此款造型以标准的对称式设计为主，表现女性清纯靓丽的感觉，适合年纪较小或身材娇小的女孩。

● STEP BY STEP

01 用电卷棒将头发烫卷，将头发分为五个发区。

02 顶发区、两个侧发区和两个后发区。

03 将顶发区头发倒梳，使其蓬松。

04 梳光表面头发，将其拧转成发包状，将发尾收起，下暗卡固定。

05 分别拧转后发区头发的发根，下卡固定至耳后方。

06 将发尾留出待用。

07 将刘海一侧发区头发根部做倒梳处理，使其蓬松。

08 梳光发丝表面，向一侧耳后方做拧包，下卡固定。

09 调整刘海弧度，垂下少许发丝，以修饰脸型。

10 将另一侧发区头发做倒梳处理后，向耳后方拧包，下卡固定。

11 将后发区发尾用手推的手法倒梳，保留发丝自然、蓬松的卷度。

12 整理发丝纹理，喷发胶定型。

可爱的蝴蝶结发髻，搭配时尚的烟熏妆，衬托女孩如精灵般俏皮可爱的感觉。

STEP BY STEP

01　用电卷棒将头发烫卷，再将全部头发梳马尾，固定到头顶的一侧。

02　将发尾均分为两份。

03　先将其中一份头发做倒梳处理，使其蓬松饱满。

04　把表面头发梳理光滑。

05　由外向内拧转后做卷，下暗卡固定。

06　另一份头发同样做倒梳处理并梳光表面。

07　同样拧转后做卷，下卡固定。

整体造型线条简洁饱满，配以金属质地的小礼帽，尽显女性时尚、端庄的气质。而发饰上的羽毛和浓密的睫毛相呼应，突出了女性柔情、魅惑的眼神。

● STEP BY STEP

01　将头发梳顺，分为三个发区（刘海区、侧发区和后发区），将后发区头发扎成马尾，固定待用。

02　将侧发区头发做倒梳处理。

03　梳光表面头发并做内扣卷，下暗卡固定到耳上方发际线的位置。

04　将刘海区发根倒梳，梳理光滑表面并整理好边缘弧度，将其拧转并在太阳穴上方下卡固定，收起发尾。

05　将后发区发尾倒梳，梳光表面，以侧发区和刘海区为基础，将发丝梳向一侧，做拧包并固定。

06　发型完成图侧面。

浪漫随意的发卷高位固定，让女孩在柔美气
质中多了一种干练的中性美感，淡雅的花饰点缀则
为整体造型增添了一种清新、甜美的感觉。

● STEP BY STEP

01 用电热卷将头发烫卷。

02 用电热卷烫好的发卷弹性好，弧度自然，更宜造型。

03 由顶发区开始，将全部的发卷由发梢轻轻推至发根（这种手法可使发卷的卷度不变，还可以使头发看起来发量增多）。

04 将后发际线上方的头发由下向上用手拢起，推至脑后，向内侧拧转，下卡固定。

05 将两侧头发使用同样的手法加以处理，再调整整体发丝的层次。

整体造型以古典的发髻和个性的发盘假发相结合，将时尚与复古完美地融为一体。而彩色的花饰和唇妆则呈现出女性清新、柔美的特有气质。

STEP BY STEP

01 将真发在头顶扎马尾固定。

02 把真发的发尾编成三股发辫，盘成发髻收起，下卡固定，将曲曲发的中心用卡子固定在马尾发髻的上方。

03 选用假发棒缠绕在发髻的周围，下卡固定。

04 将左右两边的曲曲发向中间抻拉，均匀展开。

05 将两侧的曲曲发合并在一起，将假发完全包住。

06 在后发际线上方用卡子将头发固定，留出发尾。

07 将留出的发尾从发梢由下向上翻卷。

08 将做成发卷的发尾拉向一侧，下卡固定，中部呈偏侧的发包状。

09 将圆形假发盘固定在前发区真发和后发区假发发髻之中。

10 将另一个发盘固定在前额的斜侧方。

11 将最后一个发盘与前两个发盘搭出层次，放置在另一侧额角侧下方，下卡固定。

整体造型以简约的线条和轮廓突显新娘的高贵和典雅，再搭配金属饰品，不仅使发型的线条层次更为丰富，也为新娘增添了时尚、冷艳的个性气质。

STEP BY STEP

01　将头发分为四个发区。

02　刘海区和两个侧发区。

03　一个后发区。

04　从后发区顶部分出发片并倒梳，使头发蓬松。

05　将倒梳好的头发向一侧梳理光滑。

06　使发片成纵向，下卡固定。

07　将发尾做手打卷，固定至顶部侧上方。

08　再分出一片头发并倒梳。

19　将头发表面梳光，整理成片状，喷发胶固定。

10　将发尾向内做手打卷，放置在前一发卷偏侧位置，下卡固定。

11　将后发区剩余部分的头发倒梳，使头发蓬松。

12　将倒梳好的头发向上提拉并拧转，下卡固定。

13　发尾同样向内侧做手打卷，用卡子固定。

14　将分好的头发分别倒梳，使头发蓬松。

15　将倒梳好的头发表面梳理光滑，向斜下方拧转，下卡固定。

16　用剩余发尾做手打卷，下卡固定。

17　将刘海区的头发倒梳，使头发蓬松。

18　将倒梳好的头发由前向后将表面梳理光滑。

19　从发尾向内侧做手打卷，下卡固定。

20　后侧发型完成图。

整体造型以细碎发卷盘发来突出新娘的优雅气质。时尚的羽毛饰品点缀在脖颈部分，起到画龙点睛的作用，让整体造型变得更具动感和时尚气息。

STEP BY STEP

01　将头发烫卷，分为四个发区。

02　顶发区、两个侧发区。

03　一个后发区。

04　将顶发区的头发倒梳，使头发蓬松饱满。

05　将倒梳好的头发表面发卷用手整理出丰富的层次。

06　将过长的发丝从根部扭转，下卡固定。

07　将两个侧发区头发分别倒梳，使头发蓬松。

08　将倒梳好的头发提拉至顶发区侧方，用卡子固定发中部位，留出发尾的发卷。

09　将后发区的头发倒梳，使头发蓬松。

10　将倒梳好的头发由下向上梳理并扭转，下卡固定至顶发区头发下方，留出发尾的发卷。

　　整体造型以饱满的发包突出新娘的稳重端庄，加上不规则花饰点缀其间，不仅减轻了发型整体的重量感，同时也让新娘多了一种清新、优雅的柔美感觉。

STEP BY STEP

01　将真发束至头顶部位，盘成发髻，下卡固定。

02　将假的曲曲发从中间下卡固定至发髻上方。

03　将假发棒对折，弯成月牙形，固定在发髻上方。

04　将曲曲发重叠打开，使其包裹住假发棒。

05　从发尾向内侧做手打卷收起。

06　将发卷下卡固定在假发棒下方，使其呈大的发包状。

07　将圆形的假发包放置在前额的斜侧方，下卡固定。

08　取假的三股辫假发。

09　将发辫的一部分轻搭在圆形假发包的侧方，加以填充。

10　将剩余部分发辫缠绕在发型空缺的部位，下卡固定。

时尚大气的发包造型配以具有混搭风格的钻饰堆砌的蕾丝发带，更显整体造型的精致奢华风格。

● STEP BY STEP

01　将头发扎马尾，固定到正头顶部位。

02　将发尾全部倒梳，使其蓬松饱满。

03　将头发向前梳理，梳光表面头发，向内收起，做成发包。

04　将发包向两侧展开，下暗卡固定。

05　发包应形状饱满，弧度流畅。

苹果状的发包和发辫造型，呈现出古典而甜美的双重气质。点缀其间的精巧蝴蝶饰品，仿佛在发间上下盘飞，更显女性清新甜美的诱人气质。

● STEP BY STEP

01　将真发梳至顶部，使其呈发髻状。

02　将圆形小发包固定在前额的斜侧方。

03　将圆形大发包固定在耳后部位。

04　将三股假发辫缠绕在小发包边缘，下卡固定。

05　再将另一个圆形小发包固定在顶发区的斜侧方。

06　将发辫剩余部分分别缠绕在大、小发包周围，用卡子固定。

　　清新、简约的发型和精美钻饰的搭配，让女孩的整体气质如夏日的凉风般清爽，透入心扉，表现出优雅、宁静的气质。

● STEP BY STEP

01　首先把头发分为三个发区。

02　顶发区、左侧后发区和右侧后发区。

03　从顶发区开始做倒梳处理，让头发蓬松饱满。

04　将顶发区头发表面梳理光滑。

05　用手打卷的方式将发尾向内收紧，做成卷筒。

06　横向下卡，将其固定。

07　放下左侧后发区头发，从前额发际线边缘纵向取一片发片，一分为二，准备做三股续编发处理。

08　将上、下发片交替向上续发。

09　续编完成后，将其放置在左侧后发区正中部位。

10　以手打卷的手法将剩余发尾收起，固定至前发区发包底部。

11　将整个左侧后发区的发片向上提拉，与顶发区的包发自然连接，下卡固定。

12　右侧采用同样的手法处理，下卡固定。

干净清爽的BOBO发造型和亮片小礼帽相搭配，
衬托出女孩清纯、俏丽的甜美气质。

● STEP BY STEP

01　将原有的头发梳理干净，在脑后盘一个发髻，下卡固定。

02　将BOBO假发扣于头部，整理好形状。

略显高耸的偏侧式发包造型搭配浪漫的蕾丝饰品，突显出模特高贵而娇媚的淑女气质。

● STEP BY STEP

01 先将头发分为两个不对称的发区，把后发区分得多一些。

02 把分好的后发区头发扎成马尾，注意是偏侧马尾。

03 将扎好的马尾倒梳，使其达到蓬松的效果。

04 将头发表面梳理光滑，做侧包，下卡固定。

05 将前发区的头发打开倒梳，再把表面梳理光滑。

06 将梳理好的头发用外翻的手法向侧后方做发包，下卡固定在后发区发包位置，刘海随弧度自然垂下。

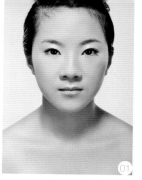

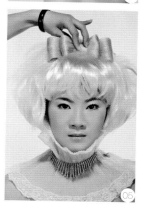

此款造型以时尚前卫的白色BOBO发与粉色的蝴蝶结相搭配，打造出的少女造型具有日本动漫中美少女般的感觉，是时下的个性少女们喜爱的风格之一。

● STEP BY STEP

01 将所有头发扎成马尾，将发尾编成三股辫，向内收起，做好隐藏。

02 选用银白色短款BOBO假发，由前向后轻轻戴在头上，遮住真发，用卡子固定在假发内侧的发网上（注意卡子不能外露）。

03 用手整理出白色假发的层次与动感。

04 以耳尖为界，使刘海保持直发状态，将顶发区与后发区部位的假发用手分成数份，将发梢推向发根部位，起到倒梳的作用（使用双手倒梳出来的头发蓬松且自然）。

05 搭配粉红色蝴蝶结饰品。

Chapter 3

● 特色服装发型设计

偏侧的双丫式发髻和拉长的复古式眼线，打造出唐装女子的娇艳与妩媚。上下翻飞的金色蝴蝶及珠钗饰品点缀在发丝之间，让整体造型充满了灵动气息，仿佛有一位唐代佳人聘婷而至。

STEP BY STEP

01 先将头发分为五个发区。

02 刘海区、顶发区、后发区、左侧发区和右侧发区。

03 将顶发区头发分成片状并倒梳，使发丝蓬松、饱满，再将头发表面梳光滑。

04 以打卷的方式将头发做成偏侧式发包，下卡固定。

05 取两个假发，采用两股编辫的方法，分别拧成条状发包，固定在顶发区发包部位。

06 将其做成偏侧式丫角状。

07 再将丫角中间的侧发区头发分片提拉并倒梳。

08 梳光表面发丝，拧包并放置在丫角状发包中间，下卡固定，做好真发与假发之间的衔接，将发尾收起。

09 将另一侧发区的头发分片倒梳，将表面梳理光滑。

10 用手打卷的方式将发尾收起，下卡固定至丫角假发侧后位置。

11 从刘海区后侧横向分出少许片状头发并倒梳，并将发丝表面梳理光滑。

12 从发尾做手打卷至发中部位，提拉至前一侧发区固定的偏侧位置，用以遮挡真假发之间的空隙。

13 将后发区头发分片倒梳。

14 梳光表面发丝，将整体发区的头发按假发的走向用打卷的方式做大侧包，下卡固定在耳后位置。

15 将刘海区头发梳理光滑，向后做手打卷，使其呈发包状，将其固定在真假发包之间。

在打造唐装造型时，发型的饱满度和发丝的光洁度尤为重要。不同的发饰代表不同的身份和地位。完美的发型搭配华贵的牡丹及金色的发簪，有一种华贵的气质。

STEP BY STEP

01 先将头发分为六个发区：刘海区、两侧发区、顶发区和两个后发区。顶发区不要太小，后发区要从正中位置纵向均匀分为左右两份。

02 侧发区和刘海区。

03 把顶发区头发扎马尾，加以固定。

04 将扎好的马尾倒梳，让发片衔接，增加发量，以防松散。

05 梳光表面发丝，在头顶做成发包，下卡固定。

06 将侧发区头发分片倒梳，尤其要让发根部位的头发有蓬松感。

07 将头发表面梳理光滑，以内扣的方式做成发包状弧形刘海。

08 采用同样的手发处理另一侧发区的头发，要注意两侧的对称性。

09 将刘海区头发分片向上提拉并倒梳，以增加发量。

10 先将头发向前水平梳理，把上、下两面表层发丝梳理光滑。

11 将梳好的头发向顶发区方向做手打卷，下卡固定，抻拉成小的发包状。

12 再将后面的一侧发区头发倒梳，使其饱满蓬松。

13 以手打卷的方式做纵向的卷筒，固定在耳朵上方发髻边缘，使其呈发包状。

14 另一侧头发以同样的手法处理，注意两侧的对称性。

15 利用一个假发包在顶发区发包下方加以填充。

16 取一个牛角包，在顶发区做装饰，上下分别下卡固定。

在雍容华丽的对称式发髻造型中加上流行的韩式
续编发元素，让原本沉稳、大气的古典造型多了一种
清秀、雅致的独特韵味。

STEP BY STEP

01 将头发分为四个发区，从正中位置将前发区一分为二。

02 右侧发区及后发区。

03 顶发区、右侧发区（注意，中间的顶发区要留得大
一些）。

04 将顶发区头发扎马尾，固定。

05 将马尾倒梳后梳光表面，做发包状，固定在头顶部位。

06 取前发区一侧头发，从中间发缝边缘进行三股续编发，
直至发梢。

07 将编好的发辫从发包前侧缠绕摆放，将前发区与顶发
区之间做好衔接，并遮盖住发缝，再将多余发尾隐藏
至发包后侧。

08 另一侧头发操作手法同上。

09 放下后发区头发，分别倒梳，使其蓬松。

10 将头发向上提拉，将头发表面梳理光滑。

11 向上做卷，下卡固定至顶发区下方并拉开，使其呈发
包状，将头顶的发包做衔接，让轮廓更加饱满。

12 将两个相同的假发发花在后发区耳后两侧固定。

STEP BY STEP

01 先将头发分区，以中分将前发区分为左右两份。

02 以耳尖连接线为界再将头发分出顶发区和两个后发区。

03 在两个后侧发区下方留出两缕发丝。

04 在后侧发区分别扎马尾（高度要一致）。

05 将顶发区头发横向分片并倒梳，使头发蓬松。

06 将倒梳好的头发表面梳光滑，用手将发尾向内卷起。

07 用卡子固定发尾（要遮盖住发缝），发包要饱满，弧度要流畅。

08 将前发区两侧的头发分别成三缕发丝。

09 将每侧的三缕发丝进行三股续编发（沿着头部的弧线逐

渐向后拉并编织）。

10 将编好的三股续辫发尾固定在发包的下方。

11 将双层蝶状发髻固定在发包两侧。

12 将后发区扎好的马尾分别倒梳，使头发蓬松。

13 将倒梳好的头发表面梳光滑，发尾向前做内扣打卷。

14 将发尾藏起，用卡子固定。

15 将后发际线上方的两缕发丝分别用电卷棒向内侧烫卷。

16 后侧完成图。

17 正面完成图。

此款妆容中，眉毛的线条流畅舒展，疏密均匀，柔美之中又带有几分英气，眼尾稍稍上挑，给人以妩媚之感，将杏眼与丹凤眼的味道融合在一起。这款造型将传统与现代手法相结合，并运用了金属饰品进行点缀，体现了中国女性的温婉、娴淑。

此款服装采用晚唐时期的服饰图案，精巧美观，花鸟图案花团锦簇，争相斗艳。

在造型的处理上主要体现两鬓包面，采用三环髻和金色头饰，充分体现出新娘的雍容华贵。金、红搭配，将妆面衬托得生动非凡，明艳亮丽。

STEP BY STEP

01　将整个后发区头发以单包手法处理干净。

02　将边缘碎发及发尾收干净。

03　将碗状假发髻用卡子固定在前额。

04　将三环发髻假发固定在头顶部位。

05　取一个带细发辫的假发发花。

06　将带细发辫的发花用卡子固定在三环发髻的侧后方，使细发辫垂在两侧。

07　将细发辫盘成环状，缠绕在前额发髻两侧，下暗卡固定。

08　调整发辫层次。

09　取一个双蟠髻假发。

10　将双蟠髻假发固定在后发区的位置，填充后发区空缺。

01

02

03

04

05

06

此款发型利用古典的手推波纹刘海，体现了中国传统女性的温婉与含蕴。

STEP BY STEP

01 以耳尖连接线为界，将头发分为前、后两个发区。

02 将后发区的头发向一侧提拉，梳理光滑，将发尾向下拧包。

03 用卡子将拧好的发包固定（发包要光滑整齐）。

04 将前发区再分出四个小发区（顶发区、刘海区、两个侧发区）。

05 将顶发区头发倒梳，使头发蓬松。

06 将倒梳好的头发表面梳光并做侧卷，发尾留出来，然后把留出来的发尾做手打卷，用卡子固定。

07 将侧发区的头发倒梳，使头发蓬松，将倒梳好的头发表面梳光，做侧卷，发尾留出来，用卡子固定。

08 将留出来的发尾做手打卷，用卡子固定，要注意发卷

之间的高低层次和空缺部位的填充。

09 将另一侧头发倒梳，使头发蓬松，将倒梳好的头发由下向上把表面梳光滑。

10 由发中开始做手打卷，用卡子固定在发卷之间。

11 将刘海向一侧斜梳，做外翻卷，喷发胶固定。

12 选一个蝴蝶结状发髻，倾斜固定在侧后发区部位。

13 再将另一个蝴蝶结状发髻交错叠压在前一个发髻上，真假发结合应层次分明。

14 将曲曲发固定在另一侧后发区部位，并将一缕发丝垂在胸前，将剩余的曲曲发进行两股拧编。

15 将编好的两股拧辫继续拧转收起并固定。

16 发型完成图背面。

此款妆面以红色、黄色、粉色等来设计，运用靓丽的色彩表现汉唐时期华丽的效果。时至今日，东亚地区的一些国家仍把唐代服饰作为正式礼服，可见其影响之久。

STEP BY STEP

01 先将头发分为三个发区（两个侧发区、一个后发区）。

02 将后发区头发扎马尾，编三股辫并收成发髻状，向内侧做手打卷。

03 将侧发区的头发分层倒梳，使其蓬松。

04 将发际边缘的短碎发向内拧转，用卡子固定。

05 将剩余的侧发区头发向前发际线方向梳理，要将头发表面梳光滑。

06 将头发拉至耳垂部位，再将发尾向后侧方拧转，下卡固定。

07 另一侧发区用同样的手法操作。

08 将曲曲发的中心固定在后发区与侧发区交界的头顶。

09 将曲曲发垂至肩膀上方的位置，把发尾向侧上方拧转至枕骨上方，下卡固定。

10 将剩余的发尾向上提拉至头顶部位，从发尾做手打卷，用卡子固定，另一侧以同样的手法操作。

11 将一个弧形的发包固定在头顶。

12 将同样的两个发包分别固定在中间发包的两侧。

13 发型完成图。

STEP BY STEP

01 将头发分成三个发区（刘海区、顶发区和后发区）。

02 将后发区头发进行三股编辫，将发尾向内卷收起。

03 用卡子将发辫两侧固定。

04 将顶发区的头发分层倒梳，使头发蓬松。

05 将倒梳好的头发表面梳光滑，将发尾向内侧卷起，发包要饱满，线条要流畅。

06 发尾用卡子固定。

07 将假发刘海固定在刘海区。

08 将假发刘海分两层，先将上层的头发做手摆波纹，压至额头中部，下暗卡固定。

09 将发尾做手打卷，用卡子固定。

10 再将下层头发中部做成S形，压至太阳穴位置。

11 将剩余头发做手打卷，放置在S形弧度中间，下卡固定。

12 选用半圆形发髻，固定在后发区的发辫上。

13 选用飞天髻，固定在半圆形发髻上，在发包后部位置。

14 将曲曲发编成三股发辫，固定在飞天髻的下方。

15 发辫两侧分别沿着发髻边缘用卡子固定，卡子要固定在发辫的内侧，将发尾向内侧收起。

此款发型运用了盛唐式高髻，又称"峨髻"，同时将传统与现代手法相结合。

此款服饰图案的设计趋向于表现疏密不一、匀称有致、丰满圆润的艺术风格。

此款发型运用了晚唐式高髻，又称"玉环飞仙髻"。发式的样式丰富多彩，图案带有牡丹花纹样，典雅华美，花团锦簇。

STEP BY STEP

01 将全部头发梳至顶部，在顶发区扎成马尾。

02 将梳好的马尾编成三股发辫，呈环形缠绕在头顶部位（用于支撑假发）。

03 将椭圆形发髻用卡子固定在前额。

04 将四环发髻固定在盘好的编发上（四环发髻底端是个朝下的碗状发托）。

05 将双层盘云髻用卡子固定在四环发髻的下方，填充后部空缺。

06 将曲曲发编成三股辫，找好中心点，将其固定在四环发髻与盘云发髻之间。

07 将三股发辫的两边分别环绕在双层盘云发髻两侧。

08 将发尾收起，用卡子固定。

09 发型完成图。

唐代女子的发饰较为丰富，有簪、钗、步摇、胜、钿、花等，多以玉、金、银、玳瑁等材料制成，工艺精美。

此款发型运用了唐代发型中的半翻髻，并使用了金属饰品点缀，体现了唐代女性妩媚动人的气质。

STEP BY STEP

01 将头发分成四个发区（刘海区、两个侧发区、后发区）。

02 先将后发区头发编成三股发辫，向内卷曲并固定。

03 将一侧头发倒梳，使其蓬松。

04 从发尾向内做手打卷。

05 将发卷卷至侧发区发根部位，使其呈纵向的发包状，下卡固定。

06 另一侧发区以同样的手法处理。

07 将刘海区头发编三股辫并收起，下卡固定。

08 将假刘海固定在刘海区上。

09 将假发髻固定在正头顶位置。

10 将曲曲发编成的三股发辫固定在假发髻的下方。

11 将假发辫盘成发髻，固定在后发区位置。

　　此款发型运用了三环髻，将头发分为三股，用丝条束缚成环形，高耸于头顶或头部两侧，有瞻然望仙之状，后用精美的发饰进行点缀，簪、钗常成对使用，用时横插、斜插或倒插，钗首制成鸟雀状旁挂珠串，随步行摇动，倍增韵致。唐后期还盛行插梳，以精致美观的小花装饰于发上。

● STEP BY STEP

01　将头发分成三个发区（两个相等的侧发区、一个后发区）。

02　将后发区头发收起，将两个侧发区做对称式弧形刘海设计。

03　将椭圆形发髻固定在前额的两侧半圆形刘海中间。

04　将蝶状发髻固定在椭圆形发髻的侧方。

05　将另一个蝶状发髻固定在椭圆形发髻的另一侧。

06　将双层盘云髻固定在后发区。

07　将三环发髻固定在头顶位置。

08　将椭圆形发髻固定在耳后方，下卡固定。

09　另一侧用同样手法操作。

10　再将蝶状发髻固定在三环发髻旁边。

此款发型运用了中晚唐的抛髻，女子往往褒衣博带、宽袍大袖，颜色以暖色调为主，领、袖均镶有较宽的织金花边。髻上另戴缀满珠玉的金冠，两鬓还插有簪钗，耳部佩戴精美首饰。

唐代女子服饰浪漫多姿，给人一种俏丽修长的感觉。

STEP BY STEP

01　将头发分成五个发区（两个侧发区、刘海区、顶发区、后发区）。

02　将刘海区与侧发区的头发倒梳，使头发蓬松。

03　将倒梳好的头发向侧后方梳理并梳光表面，将发尾向内侧收起，使其呈发包状，用卡子固定（前额发际线处留少许发丝）。

04　将留好的发丝卷成发卷，贴于额角部位。

05　将顶发区的头发倒梳。

06　将假发棒在发根部下卡子固定，再用真发将假发遮盖，使其呈偏侧的发髻造型。

07　将侧发区头发倒梳，使头发蓬松。

08　将倒梳好的头发向耳后斜拉，向下拧转，用卡子固定。

09　将发尾缠绕在假发棒根部。

10　将后发区头发倒梳，使头发蓬松。

11　将倒梳好的头发表面梳光滑，提拉剩余头发中部，向上做卷筒，使其呈偏侧式发包，用卡子固定。

旗袍是一种内外和谐的典型民族服装，被誉为中国服饰文化的代表，它以其流动的旋律、潇洒的画意与浓郁的诗情表现出中华女性贤淑典雅、温柔清丽的气质。

此类眼妆多选用单凤眼的画法，特别是眼线于眼尾呈拉长上翘状。腮红多选用斜向上的扫法，以提升面部的立体感，增加女人成熟复古的韵味。弯弯的柳叶眉也是中式复古妆容的一大特点。唇形饱满，唇色多是中国的红色，以突显中国式复古的味道。

STEP BY STEP

01 将头发分成两个发区。

02 以耳尖连接线为界，分为前发区和后发区。

03 将前发区头发分层用电卷棒烫卷（使头发呈现自然的卷度）。

04 将烫好的发卷由上向下梳理整齐，随着发卷的走向，向前额方向梳理出半圆形弧度，用鸭嘴夹夹住S形拐弯的部位，喷发胶固定。

05 用尖尾梳将发中部位向斜上方提拉推挤，使头发出现波浪形状。

06 用鸭嘴夹固定并喷发胶（这个手法称为手推波纹）。

07 使用同样的手法将头发推出富有动感的波纹，将发尾做手打卷，固定在耳后。

08 将后发区的头发梳至刘海同侧耳后，扎成马尾。

09 将马尾编成三股发辫。

10 将编好的三股发辫盘起，用卡子固定。

11 将曲曲发固定在发髻上方。

12 将曲曲发向内侧收起，挽成发髻，用卡子固定。

作为最能衬托中国女性身材和气质的服装——旗袍，在20世纪被视为代表东方神韵的最华丽的名片，能让人散发出浓浓的中国古典味道。精致的五官、曼妙的身姿、优雅的气质都将得到完美的展现。与之搭配效果最佳的饰品是珍珠，突显了典雅之风。

如今的旗袍经过改良，既保留了传统的中国元素，又加入了许多时尚元素，成为女性展示独立个性的服装之一。

STEP BY STEP

01 将头发分成五个发区：刘海区、两个侧发区、顶后发区、后发区。

02 将一侧发区头发倒梳，使头发蓬松。

03 将倒梳好的头发表面梳理光滑，然后将发尾由外向内侧拧卷并收起，下卡固定。

04 将发尾做手打卷，下卡固定。

05 提拉起后发区的头发并倒梳，使其蓬松。

06 将倒梳好的头发表面梳理光滑，将发尾向下，拧转成发包状，下卡固定。发尾做手打卷，下卡固定。

07 将顶后发区的头发倒梳，使头发蓬松。

08 将头发表面梳理光滑，将发尾向下拧转，下卡固定。

09 将发尾做手打卷，用卡子固定，手打卷摆放应错落有致。

10 将另一侧发区的头发倒梳，使头发蓬松。

11 将倒梳好的头发向反方向梳光表面，发尾向下，拧转成发包状，下卡固定，然后将发尾做手打卷，下卡固定。

12 将刘海区的头发分成三份。

13 先将第一份头发在前额做半圆形刘海，再将剩余发尾做手打卷，下卡固定。

14 将第二份头发向侧下方做拧转并固定，将发尾做手打卷收起。

15 将第三份头发放至耳上，拧转后做卷并固定。

这款发型非常具有韩国民族特色。发辫绕出的发式，左右对称的发髻，金花丝镶嵌珠宝的首饰更平添了富贵身份。红、绿、金等服装色彩更能突出民族服饰的特点。

STEP BY STEP

01　将头发分成两个发区。

02　将刘海的短碎发向内拧转并收起，用卡子固定。

03　另一侧使用同样的手法。

04　将发缝两侧的长发倒梳。

05　将倒梳好的头发由后向前将表面梳理光滑，压至眉峰上方，使其呈半圆形，用卡子固定，喷发胶。

06　另一侧使用同样的手法，用卡子将头发固定在耳后。

07　将后发区的头发编成三股发辫。

08　将发辫向内侧收起，用卡子固定。

09　将双层盘云髻固定在后发区部位。

10　真假发结合要自然。

11　将两条编好的三股发辫连接在一起，固定在头顶部位。

12　用假发辫从正头顶至脖颈下方围出上宽下窄的椭圆形发环。

13　将小发髻固定在盘云髻下方。

14　发型完成图。

Afterword [后记]

数码时代的到来使得创造美的人像摄影行业愈显缤纷灿烂。在行业内，有很多化妆造型师工作较忙，又找不到具有导向作用的专业书籍。为了给广大从业者提供一系列实用的发型设计教程，我们进行了精心的策划、准备、设计、拍摄和制作，通过多次甄选和审定，本书得以形成。编写、创作过程是辛苦的，也是快乐的。它的出版依托着"北京名人"企业的支撑，犹如"北京名人"强健的母体顺利地又一次自然分娩！

在此，作为本书的主要编写者，我们要感谢"北京名人"的优秀团队，正是因为有他们的大力支持，我们才能顺利完成本书，在此对他们的辛勤工作和付出表示深深的感谢。本书的摄影师有全国人像摄影大赛金奖获得者田德友老师、全国时尚人像摄影名师邢亚辉老师，以及吕易飞老师、白杨老师、周伟老师、孙铁军老师，是他们用高超的摄影技艺为本书拍摄了高品质的图片；还有资深数码设计师王永亮老师、邹运老师、张爱春老师、李镕言老师，是他们以多年来对美的探索和积累为本书设计了精美的画面；感谢参与本书编写工作的化妆名师赵研老师、温狄老师、黄慧老师、艾薇老师，他们使本书的内容更加丰富多彩；感谢"爱美轩"饰品行、"大洋"假发为本书的创作提供帮助；当然还要感谢郝岩、刘国兰、陈慧、李新枝、李金洪、崔靖杰、高佳等模特的专业演绎。

艺术是永无止境的，对艺术的探索和对美的创造是我们不懈的追求。我们以自己的努力实现着对一直关心、爱护、支持我们"北京名人"事业的广大化妆造型师的承诺，那就是不断为行业出好书！这是我们又一次的创新和尝试，本书中肯定还存在着很多遗漏与不足，我们真诚欢迎化妆造型界的朋友和广大读者不吝赐教。如果您还想就书中某些问题与我们进行商榷，请直接与"北京名人摄影化妆艺术学校化妆教研室"联系。我们的电话是：010-63750863、010-63750843。